ABHANDLUNGEN DER DEUTSCHEN AKADEMIE
DER WISSENSCHAFTEN ZU BERLIN

*Klasse für Chemie, Geologie und Biologie*

*Jahrgang 1957 Nr. 2*

*PAUL RAMDOHR*

# NEUE BEOBACHTUNGEN ÜBER RADIOAKTIVE HÖFE UND ÜBER RADIOAKTIVE SPRENGUNGEN

2. unveränderte Auflage

AKADEMIE-VERLAG · BERLIN

1958

Vorgelegt von Hrn. Ramdohr in der Gesamtsitzung vom 24. Januar 1957
Zum Druck genehmigt am gleichen Tage, 1. Auflage ausgegeben am 26. August 1957

Erschienen im Akademie-Verlag GmbH, Berlin W 8, Mohrenstraße 39
Lizenz-Nr. 202 · 100/339/58
Offsetdruck: VEB Druckerei „Thomas Müntzer" Bad Langensalza
Bestell- und Verlagsnummer: 2001/57/II/2
Preis: 4,70 DM
Printed in Germany

Es sind gerade genau 50 Jahre her, daß O. MÜGGE [17] und J. JOLY [10] erstmalig die heute gültige Deutung der pleochroitischen Höfe in einigen gesteinsbildenden Mineralien als radioaktive Erscheinungen bedingt durch die Reichweiten der α-Teilchen der verschiedenen Zerfallsprodukte gaben. Beide Forscher kamen ganz unabhängig voneinander zu dem gleichen Ergebnis und die Arbeiten erschienen so weitgehend gleichzeitig (die MÜGGEsche wenige Tage früher), daß eine Diskussion der Priorität sinnlos ist.

Dieser Gedenktag mag Anlaß geben, einige Neubeobachtungen aus diesem Gebiet schon jetzt mitzuteilen, obwohl es sich nur um Feststellungen handelt, deren Erklärung entweder bekannt bzw. naheliegend ist oder aber heute noch nicht abschließend gegeben werden kann. Von den Schülern von MÜGGE, die sich mit radioaktiven Höfen befaßten, sind HÖVERMANN [7] und GUDDEN [2] im ersten bzw. zweiten Weltkrieg umgekommen, so daß es an mir, dem Überlebenden, ist, bei dieser Gelegenheit MÜGGEs zu gedenken.

Der Verfasser hat laufend versucht, die von ihm früher erarbeiteten Beobachtungen [19] über radioaktive Höfe zu ergänzen, um sie vielleicht einmal später in größerem Zusammenhang unter Berücksichtigung des im Laufe der Jahre entstandenen, übrigens nicht besonders umfangreichen Schrifttums mitzuteilen. Diese Arbeit steckt noch weitgehend in den Anfängen; trotzdem ergaben Unterhaltungen mit Fachgenossen, daß einige vorläufige Mitteilungen ganz zweckmäßig sein könnten, um so mehr als der Versuch, wenigstens in listenmäßiger Aufzählung auf einige neuerkannte Trägermineralien in meinem Lehrbuch hinzuweisen, allgemein übersehen wurden [20]. Viele Einzelheiten und erst recht ihre Deutungen müssen späterer Arbeit vorbehalten bleiben.

Zu den lange und allgemein bekannten Trägern radioaktiver Höfe: *Biotit, Chlorit, Cordierit, Amphibole, Turmalin* hat bereits MÜGGE noch *Granat, Fluorit, Spinell, Aenigmatit* [18], der Verfasser selbst *Quarz, Yttrofluorit, Zinnstein* [19], SPANGENBERG *Albit* [26], GÜBELIN *Korund* [3], SCHÜLLER *Baryt* [24], MEIXNER *Siderit* [15], und wieder der Verfasser [20] weiter *Triplit, Triphylin, Astrophyllit* zufügen können. ZESCHKE erwähnt (ohne Quellenangabe) solche in *Andalusit* und *Staurolith,* PANETH im *Karpholith.* Heute kann die Liste neu ergänzt werden durch: *Titanit, Hedenbergit, Helvin, Chloritoid, Orthit, Apatit, Stillwellit, Calcit, Cerit, Ilmenit.* Weiter finden sich unsichere Angaben im Schrifttum über ein paar Fälle mehr, die z. T. sichere Fehldeutungen, z. T. aber auch reell sein mögen. Es sind auch angeblich auf β-Strahlung beruhende Höfe behandelt worden [12], ebenso solche, die in Kristallen mit teilweise metallischer Bindung vorkommen sollen. Beide Fälle können als jedenfalls nicht im strengen Sinn hierher gehörend übergangen werden. Dagegen ist eine Angabe bei STACH [27], der in Kohle Höfe beobachtet hat, von besonderem Interesse. — Sicherlich werden sich, wenn man von den allergewöhnlichsten gesteinsbildenden Mineralien absieht, bei einiger Aufmerksamkeit noch massenhaft weitere Träger von Höfen finden lassen. Immerhin sind, obwohl mit Sorgfalt speziell in ihnen gesucht wurde, manche Mineralien bisher als frei von Höfen befunden worden, wo man sie an sich erwartet und zur theoretischen Auswertung übrigens auch gerne gesehen hätte. Man muß sich ja klar sein, daß z. B. bei der Suche nach sicheren Hinweisen auf „ausgestorbene" radioaktive Zerfallsreihen oder nach der Wirkung besonders langlebiger, also sehr schwacher Strahler mit kürzesten Reichweiten, uns die an sich gar nicht so seltenen Beobachtungen[1]) von Höfen, die nicht in die bekannten Reihen passen, gar nichts oder mindestens sehr wenig helfen, wenn sie in Mineralien höchst komplexer Zusammensetzung, vielleicht dazu noch starken Zonenbaus stecken, also etwa im Turmalin, Amphibol, Glimmer, Chlorit. Dagegen wären, ebenso wie die bereits spezieller untersuchten in Fluorit und Zinnstein, solche in Rutil, Scheelit, Zinkblende, Periklas von größtem Interesse, natürlich erst recht solche in einfachsten Verbindungen von Elementen besonders niedriger Ordnungszahl wie manchen Fluoriden z. B. in Villiaumit, Kryolith, Be-Verbindungen usw.

Über die Mineralien, die die *Verursacher* der Höfe, d. h. die Träger der radioaktiven Elemente sind, ist neuerdings eine gewisse Verwirrung im Schrifttum dadurch entstanden, daß HUTTON [8] die Behauptung aufstellt, man habe bisher gemeint, daß die Höfe ganz allgemein auf Zirkon zurückzuführen seien — um dieser „Meinung" dann energisch entgegenzutreten! Natürlich wird prompt diese Behauptung von anderen aufgegriffen und erneut werden Beobachtungen mitgeteilt, daß auch andere Mineralien Höfe erzeugten. Verfasser hätte gedacht, daß es eine Trivalität wäre, heute noch auf die bis 50 Jahre zurückliegenden unzähligen Arbeiten und Notizen hinzuweisen (bis auf MÜGGE und JOLY 1907!), die neben dem Zirkon ganz richtig Monazit, Orthit, Xenotim, Titanit, Apatit, Uranpecherz, sekundäre Uranmineralien usw. als Hoferzeuger beschreiben. Offenbar müssen gewisse Feststellungen in einem etwa 50jährigen Rhythmus immer neu gemacht werden!

Selbstverständlich wird in manchen Fällen, wie oft auch in anderem Zusammenhang, Xenotim als Zirkon angesprochen worden sein, ebenso können von unvorsichtigen Beobachtern mikroskopisch wegen ihrer Kleinheit tatsächlich nicht mehr bestimmbare Mineralien für Zirkon gehalten werden — bei sorgfältigeren Untersuchungen ist das, wie ein Blick in die Arbeiten zeigt, nicht geschehen. Umgekehrt werden Behauptungen wie die, daß in Graniten von New Zealand „nie" Zirkon als Hoferzeuger vorkommt, sich nicht halten lassen. Da nun gerade dort, wo besonders scharf entwickelte Höfe vorkommen, der erzeugende Strahler winzig sein muß und meist nicht bestimmbar sein wird, muß man oft aus Reichweitenmessungen zurückschließen.

Ich werde nun, nur als Materialsammlung und in zufälliger Reihenfolge, das Vorkommen radioaktiver Höfe in einigen bisher noch nicht oder nur unsicher und mangelhaft als Hofträger bekannten Mineralien beschreiben. Einige zum allgemeinen Verständnis notwendige Begriffe sind bei den erstaufgeführten Beispielen ausführlicher behandelt, später aber als bekannt vorausgesetzt.

1. Spinell. O. MÜGGE hat bereits 1923 auf Höfe im Zinkspinell (Kreittonit) von Bodenmais hingewiesen. Sie sind gewöhnlich schlecht entwickelt und zu Messungen der Reichweiten und damit zu Rückschlüssen auf den Strahler ungeeignet. Es kommen aber anderswo (z. B. in Mittelschweden) gerade in Zinkspinellen hervorragend entwickelte vor. Das beste Beispiel war in einem Dünnschliff eines gewöhnlichen Spinells mit zerstörter Etikettierung aus dem Berliner Institut, der vermutlich aus einem nordischen Geschiebe hergestellt war, enthalten. Außer vorherrschendem Quarz mit vielen Flüssigkeitseinschlüssen führt das Gestein zwei Arten von Chlorit, einen wenig gefärbten, fast isotropen älteren und einen stärker gefärbten, relativ stark anisotropen, der unorientiert auf dem ersteren aufsitzt. Im letzteren ist ein völlig isotroper, lichtblauer, deutlich spaltender Spinell eingelagert, der im Kern ein

[1]) So gibt MENDES [14] an, daß im Granit von Mondim de Barto, Portugal, Biotite mit Höfen von einem Reichweitenradius von 2,75; 5,13; 8,56; 9,78; 12,76; 15,29; 16,62; 17,59; 19,38; 20,54; 23,13; 25,10; 27,30; 30,38; 34,38; 43,1 $\mu$ vorkommen. Von diesen lassen sich lange nicht alle mit Reichweiten der Zerfallsglieder der U- und Th-Reihe (auch nicht der des Urans 235) in Beziehung setzen. Besonders die (auch sonst vielfach beobachteten) mit besonders kleinen Werten sind ganz schleierhaft.

feinstes Entmischungsnetz von Magnetit enthält. Das relativ sehr niedrige $n$ deutet auf ziemlich reines $MgAl_2O_4$. Lokal geht Spinell in Chlorit über, in der Hauptsache ist er ganz frisch. Besonders an der Peripherie zeigt er halb- bis dreiviertelkreisförmige „Anknabberungen", in denen er auch im sonst ganz gesunden Material chloritisiert ist. Wo diese Formen einmal völlig im Spinell liegen und zudem genau zentral geschnitten sind, zeigen sie stehts einen winzigen Kern eines opaken Erzes und haben vom Kern bis zum Rande exakt gleichen Radius (23,7 $\mu$). Wird einmal ein Korn des weniger gefärbten älteren Chlorits berührt, so zeigt dieses einen typischen pleochrotischen Hof. D. h. diese kreisförmigen Gebilde im Spinell sind selbst radioaktive Höfe, in denen aber das Spinellgitter völlig zerstört und (vielleicht über den Umweg einer Isotropisierung?) in Chlorit verwandelt ist. Manchmal ist recht deutlich auch auf die langlebigeren Strahler zurückgehende Innenscheibe erkennbar mit einem Radius von etwa 16 $\mu$.

Bei der gut gestützten Annahme eines ziemlich reinen MgAl-Spinells führt die bekannte Reichweitenformel: $R_x = \frac{Ro \cdot do \cdot M}{s \cdot d \cdot A_0}$ für ThC′ auf etwa 23 $\mu$, während RaC′ einen erheblich geringeren Wert ergäbe. Es handelt sich also sicher um einen Th-führenden Strahler, bei der sehr starken Zerstörung des Wirtgitters um einen sehr kräftigen, also vielfach Thorianit, $ThO_2$, selbst.

2. Triplit. In dem in Hagendorf bei der so glücklich verlaufenen Exkursion der Deutschen Mineralogischen Gesellschaft 1953 gesammelten Triplitmaterial versuchte der Verfasser in Anschliffen die Natur der in wechselnder Menge vorhandenen Opakmineralien festzustellen. Außer den auch makroskopisch oft erkennbaren Zinkblende, Eisenglanz, Magnetkies, Kupferkies, Columbit fanden sich mikroskopisch noch einige weitere. Unter anderen war häufig, aber nur in winzigen würfeligen Kristallen *Uranpecherz* vorhanden. Um diese Kristalle sind nun in manchmal riesiger Zahl typische Höfe entwickelt, im Dünnschliff wie — bei Immersion — im Anschliff gut erkennbar. Sehr viele Höfe sind nicht durchgefärbt, d. h. sie verklingen nach außen. Etwas größere Körner erzeugen einen typischen Doppelhof (RaA bzw. RaC′), von denen der äußere allerdings meist schwach gelb gefärbt ist, aber bei +Nicols sehr gut erkennbar ist. Die Innenscheibe ist braun bis dunkelbraun, gegenüber dem bei Dünnschliffdicke fast farblosen Triplit. Die Doppelbrechung in den Höfen ist sehr erheblich verstärkt, bis zum Doppelten gegen gesunden Triplit, in den (h k l)-Schnitten ist die Auslöschungsschiefe stark verändert, so daß hier ausnahmsweise die Beobachtung der Höfe besser bei +Nicols erfolgt. — In seltenen Fällen kommen schnurförmige Emanationshöfe vor. Sehr große Strahler haben den Triplit in der Größe des Außenhofs in eine sericitähnlich aussehende Substanz zersetzt. Manche zuerst durch geringe Einwirkung auffallende große Körner erwiesen sich als Columbit, auf dem nur winzige Uranpecherzkristalle aufsitzen.

Sehr bemerkenswert war, daß mehrfach isotropisierte Zirkone deutliche Sprengungen hervorrufen, ohne eine Spur einer Hofverfärbung zu erzeugen. Anscheinend gehört also Triplit zu den Mineralien, die nur durch ausgesprochen starke Strahler anfärbbar sind.

3. Triphylin. In Hagendorf sind Triplit und Triphylin fast immer vergesellschaftet; die Durchstäubung mit feinstem Uranpecherzkriställchen ist aber in Triplit entschieden stärker. Auch abgesehen davon ist aber die Zahl und Intensität der Höfe im Triphylin erheblich geringer. Stärkere Strahler, d. h. in diesem Fall nicht allzu kleine $UO_2$xx, haben aber Höfe hervorgerufen, die denen von Triplit zum Verwechseln ähnlich sehen, wenn auch ihre Farbe im Durchschnitt etwas blasser sein mag.

4. Astrophyllit und der von ihm kaum scharf zu trennende *Lamprophyllit* zeigen nicht gerade selten radioaktive Höfe mit verstärktem Pleochroismus. Sie sind aber meist recht schlecht und können übergehen in Partien, die Brauneiseninfiltrationen ähneln. Es kommen aber auch tadellos entwickelte gelegentlich in fast allen Fundorten dieses Minerals vor.

5. Hedenbergit. In der Pyroxenfamilie sind Höfe bisher nie beschrieben worden; Verfasser konnte sie bei mehreren Gelegenheiten beobachten. So waren sie in einem Hedenbergitskarn von Yxsjö keineswegs selten und recht deutlich. Der Strahler muß sehr stark sein, denn oft ist das Gitter des Hedenbergits in seiner Nähe völlig zerstört bis zum Ausbröckeln. Wie Abb. 1 erkennen läßt, ist der Sprung Innenscheibe-Außenhof trotz des relativ großen Kerns gut erkennbar. In anderen Fällen, oft in der unmittelbaren Nachbarschaft, wo die Kerne punktförmig klein sind, ist die Einwirkung sehr erheblich kleiner und die Außenscheibe überhaupt nicht durchgefärbt. Die — wegen der Größe des Kerns recht ungenaue — Ausmessung ergab für den Außenhof $r = 25\,\mu$, für die Innenscheibe, die sich nicht sicher aufgliedern ließ, $r \sim 17\,\mu$. An sich sind noch mehr konzentrische Ringe vorhanden (das Bild gibt eine Andeutung), aber wegen der hohen Lichtbrechung nicht meßbar. Bei der Annahme eines reinen Fe-Hedenbergits mit D = 3, würde RaC′ 24,6, RaA 17,5 verlangen, für $Ca\left(Mg_{\frac{1}{2}} \cdot Fe_{\frac{1}{2}}\right) Si_2O_6$ wären die Werte 25,0, 17,8 $\mu$. Wir haben es demgemäß mit RaC′ zu tun; ThC′ würde auch für $CaFeSi_2O_6$ schon 31,6 $\mu$ ergeben, fällt also aus.

Höfe in Chromdiopsid sind unten bei Uwarowit erwähnt.

6. Helvin (Danalith). In dem von mir kurz beschriebenen Helvin der Yxsjögrube finden sich ebenfalls gelegentlich Höfe. Gewöhnlich sind sie recht schlecht entwickelt und dann bei der hohen Lichtbrechung (1,754) und der Unmöglichkeit, sehr dünne Schliffe herzustellen, kaum ausmeßbar. Auch pflegt der Strahler recht groß zu sein. Abb. 2 zeigt einen solchen Hof erzeugt von einem Mineralkorn, das ganz außen auf der Kante eines Titanitkorns aufsitzt und außer Helvin auch Titanit radioaktiv verfärbt. Bei Annahme der in meiner Helvinarbeit mitgeteilten Daten würde sich für RaC′ ein Radius von 28,0 $\mu$ erwarten lassen. Gemessen ist hier $\sim 30\,\mu$.

7. Titanit ist selbst oft als Ursache von Höfen erkennbar und beschrieben. Das erfolgt offenbar über dem Ersatz des Ca durch Y und dessen Vertretung durch Th (auch eine solche durch U wäre durchaus verständlich und sicher oft realisiert). Daß er aber seinerseits Höfe enthält, ist m. W. nirgends mitgeteilt. Es ist aber in einigermaßen intensiv gefärbten Mischungsgliedern (Fe + Y statt Ti + Ca) offenbar gar nicht selten und in Gesteinen sehr verschiedener Herkunft festgestellt. Die sehr hohe Licht- und Doppelbrechung erschweren aber die Beobachtung sehr und machen Messungen unmöglich. Dünnschliffe, deren Ober- oder Unterseite (oder beide) auf Hochglanz poliert sind, erleichtern zwar die Erkennung, sind aber schwierig herzustellen. Im Anschliff können Höfe gelegentlich sehr gut erkennbar sein, aber auch sie sind zu Messungen ungeeignet, weil man fast nie weiß, wo die Kugel des Verfärbungshofes geschnitten ist. Ein recht gutes Beispiel zeigt Abb. 3, wo im Anschliff gut zu ersehen ist, daß die unregelmäßige und etwas verwaschene Hofform durch den schiefen Schnitt eines im wesentlichen unter der Schliffläche liegenden, recht großen Uranpecherzkorns bedingt ist.

8. Chloritoid ist meist durch seine Idioblastennatur so voll von siebförmig verteilten Einschlüssen, daß eine saubere Beobachtung sehr erschwert wird. Verf. hat, nachdem ihm zufällig ein ausgezeichneter Hof (leider von unbek. Fundort) zu Gesicht gekommen war, in 4 oder 5 Vorkommen, die wenigstens gelegentlich größere „klare“ Partien enthalten, gründlich gesucht, konnte aber nur Spuren von Höfen weiter finden. Chloritoid ist jedenfalls ein Mineral, das nur durch starke Strahler anfärbbar ist.

9. Orthit. Die neuentdeckte, sehr bedeutende Uranlagerstätte der *Mary-Kathleen-Mine* in Queensland, Australien, führt das Uran fast allein als kristallines Uranpecherz (Uraninit) in einem Kontaktskarn, der auffallend reich an seltenen Erden ist. Die Träger der letzteren sind vorwiegend Orthit und das neue Mineral Stillwellit[1]), die beide in riesigen Massen vorkommen. Inwieweit andere Skarnkomponenten (Apatit, Granat, ein isotropes, turmalinfarbiges Mineral) ebenfalls Seltene Erden enthalten, ist noch nicht untersucht (s. u.).

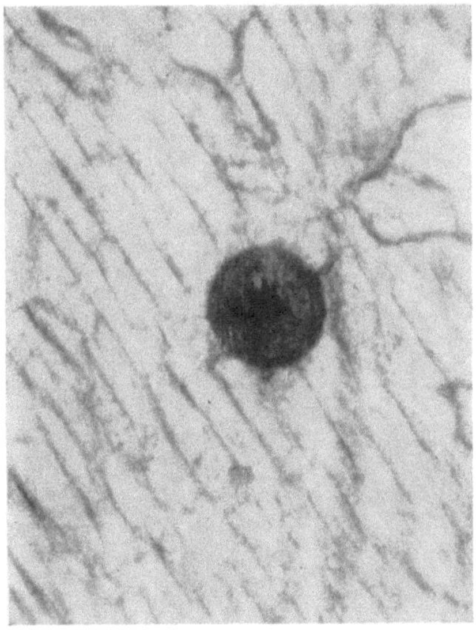

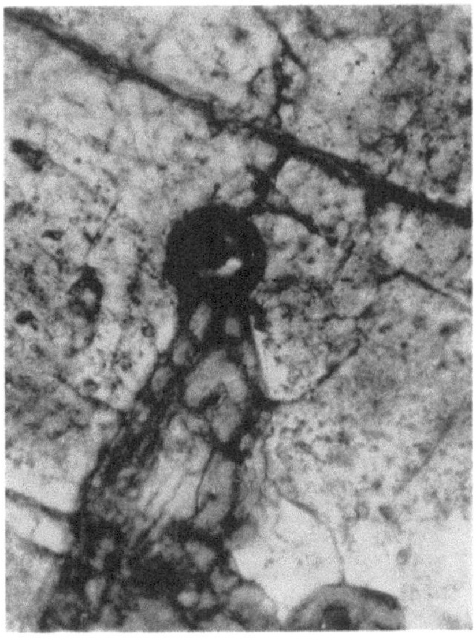

Abb. 1. 1556. Radioaktiver Hof in Hedenbergit. Yxsjöberg, Schweden. Durchlicht!
Abb. 2. 1555. Radioaktiver Hof in Heloin. Yxsjöberg, Schweden. Durchlicht!

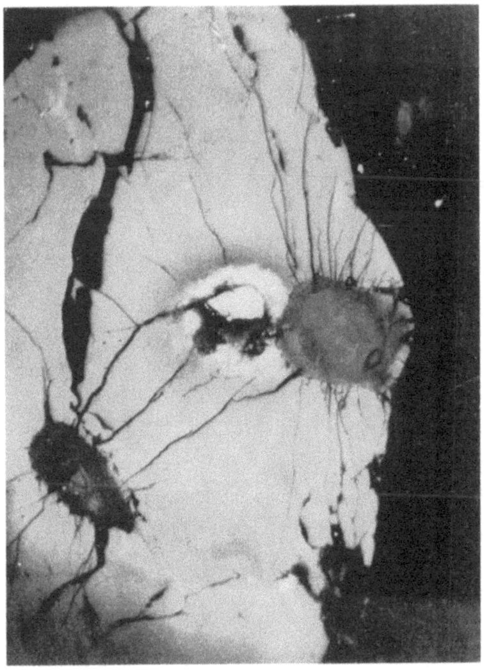

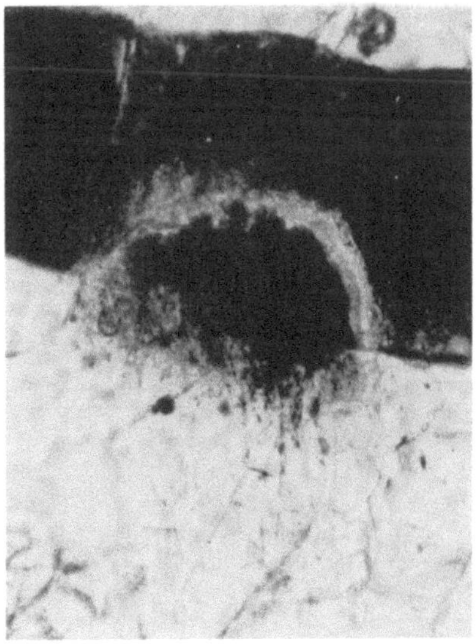

Abb. 3. 1974/8404. Ausschnitt aus 15 (siehe dort!) — Ölimmersion verstärkt die Kontraste. 270 x, Immersion, Auflicht
Abb. 4. Radioaktiver Hof in Apatit. Mary-Kathleen-Mine, Queensland etwa 300 x. Durchlicht

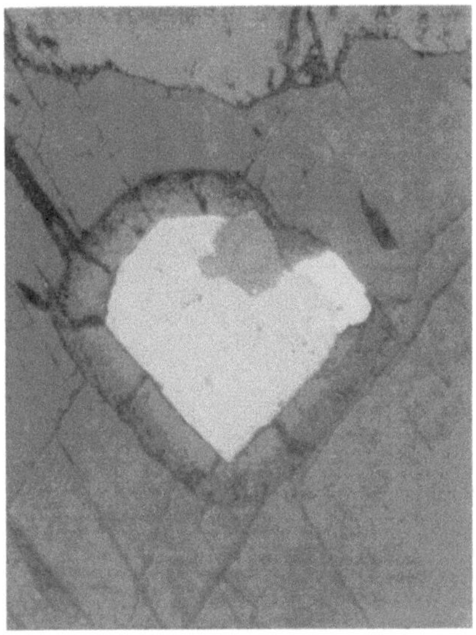 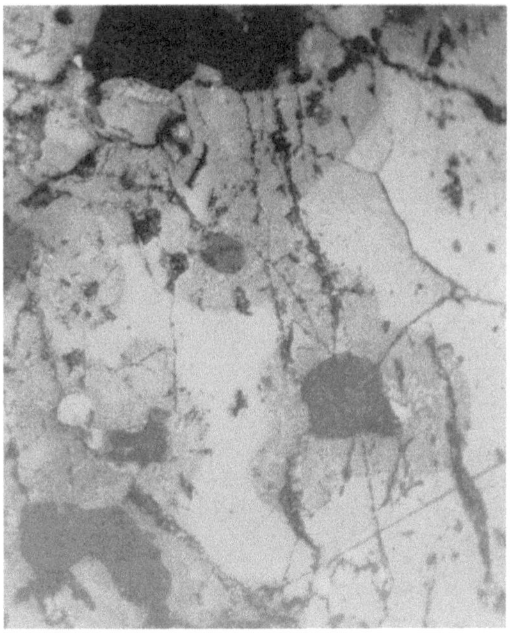

Abb. 5. 1972/8404. Radioaktiver Hof in Plagioklas um Uranpecherzkristall. Faraday-Mine, Bancroft, Ontario. 150 x, Auflicht

Abb. 6. 1939/8366. Ilmenit zeigt um Einschlüsse eines besonders uranreichen Davidits starke Veränderung der Anisotropie in typischen Höfen. Rosy Bee-Schurf b. Cloncurry, Queensland. Nicols +, 80 x, Immersion, Auflicht

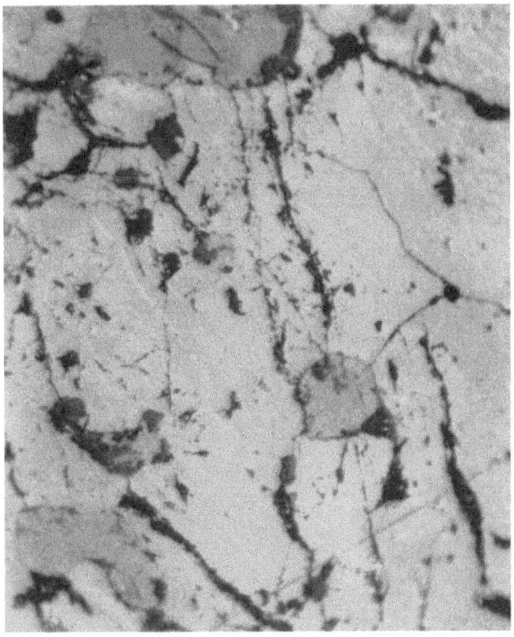 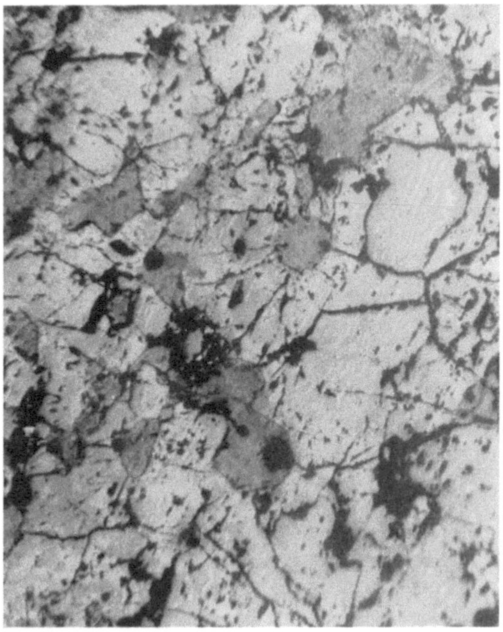

Abb. 7. 1940/8366. Objekt wie Abb. 6, aber nur mit einem Nicol. — Wenn man weiß, wo man suchen muß, erkennt man die Stellen der Hofverfärbung auch so. 80 x, Immersion, Auflicht

Abb. 8. 1941/8366. Ähnliches Objekt wie Abb. 6/7. Ilmenit mit Entmischungskörpern von Eisenglanz und Einschlüsse von Davidit. Die zahlreichen Sprünge sind durch Sprengung entstanden und im Präparat unvermeidbar. 250 x, Immersion, Auflicht

Der Orthit ist hier und im folgenden Beispiel selbst nicht Träger der Radioaktivität, da er bei sehr dunkler Eigenfarbe keinerlei Selbstisotropisierung, sondern lebhafte Doppelbrechung und Pleochroismus (auch im Anschliff starke Bireflexion!) zeigt; dagegen besitzt er im allgemeinen nur schwachen Zonenbau. Die Körner sind „hypidiomorph" rundlich oval, oft verzwillingt, manchmal auch einfach polygonal. Wo ihm Uranpecherzkristalle eingelagert sind, ist ein auffälliger radioaktiver Hof entstanden, der nicht mehr pleochroitisch und doppelbrechend ist, weil in ihm Isotropisierung eintrat. Die Hofmasse ist im Durchlicht teilweise recht hell bis dunkel schmutzig grün. Höfe, die wie im folgenden beschrieben, noch intaktes Gitter, aber Umfärbung zeigen, sind hier nicht beobachtet.

Das bekannte Vorkommen der Seltenen Erden von *Riddarhyttan* zeigt in seinem viel feinkörnigerem Orthit ganz ähnliche Verhältnisse. Das Mineral ist ganz frisch, sehr stark pleochroitisch, anisotrop und „klar". Höfe sind in ihm enorm zahlreich. Größere Strahlerkörner (es ist $UO_2$) rufen starke Zerstörungshöfe hervor, schwächere nur eine Verfärbung. Dadurch, daß in den Höfen die mattbraune Tönung einer Schwingungsrichtung zu leuchtend smaragdgrün umschlägt, sind auch diese leicht erkennbar. Oft sind gute Doppelhöfe vorhanden.

10. Stillwellit ((La,Ca) B $SiO_5$; rhomboedrisch, fast farblos bis stark grau getrübt, $n_O \sim 1{,}78$, $n_E \sim 1{,}80$, $D = 4{,}57$), ist in der Lagerstätte der Mary-Kathleen-Mine sehr reichlich (vgl. bei Orthit, S. 6). Im ersten Eindruck ist er einem feinkörnigen Aggregat von Grossular nicht unähnlich, doch zeigt die Anisotropie manchmal recht grobes Korn, obwohl Merkmale einer Pseudomorphosenbildung aus einem noch gröber körnigen Mineral deutlich sind. Ausgezeichnete radioaktive Höfe in sehr großer Zahl sind durch fein- und grobkörnige Uraninitkristalle gebildet. Neben der RaC'-Grenze ist vielfach diejenige von RaA, allerdings wegen der Größe der Strahler verwaschen, erkennbar. Meist scheint in den Höfen der Stillwellit völlig isotropisiert zu sein bei beträchtlich gesenkten n. Im durchfallenden Licht ist die Farbe der Hofsubstanz farblos bis sehr lichtbraun, in den verwitterten (oder nicht hydrothermal veränderten) Teilen leuchtend gelb. Radioaktive Sprengungen (s. u.) sind häufig und schön; sie sind aber stets nur von isotropisiertem „Stillwellit" hervorgerufen.

11. Apatit verursacht manchmal Höfe, die dann meist recht schwach sind, da für Ca offenbar nur recht wenig Th und U eintritt (Größenordnungen sind da etwa aus dem U-Gehalt der Floridaphosphate zu ersehen). Daß er selbst durch starke Strahler angefärbt wird, ist m. W. bisher noch nicht beschrieben. Ich selbst konnte es auch nur in sehr seltenen Fällen beobachten. Wieder gibt da die Mary-Kathleen-Mine ausgezeichnete Beispiele. Die nicht exakt meßbare Reichweite ist dabei durchaus die zu erwartende. Es entstehen aber nicht gleichmäßig diffus durchgefärbte Partien, sondern braunschwarze Tönungen, wobei bei starker Vergrößerung Einzelkörnchen als Träger dieser Verfärbung erkennbar sind. Diese Körnchen sind oft gut in Strahlen angeordnet, so daß ein Bild sehr ähnlich den Photogrammen der α-Strahlenplatten entsteht (Abb. 4).

12. Uwarovit von Outukumpu, hier auftretend oft als Verdränger eines Chromit-Picotit-Mischkristalls, enthält nicht selten Träger radioaktiver Elemente. Anderswo ist das geochemisch unwahrscheinlich, da sonst Uwarovit in die bekanntlich extrem U- und Th-arme Paragenese Peridotit-Chromitit gehört. Die meist fein punktförmigen Einschlüsse erzeugen ganz typische Höfe, und zwar solche von dem Typ der starken Verfärbung, aber nicht völligen Zersetzung. Die Farbe wird von lichtgrün zu gelbbraun verändert. Andeutung einer Innenscheibe (Radius von RaA) und einer Außenzone (RaC') ist bemerkbar, aber wegen hoher Lichtbrechung nicht scharf zu messen. Daß es sich um die Uranzerfallsreihe handelt, ist durch eine rohe Messung gesichert.

[1]) Natürlich abgesehen von der subrezent gebildeten, übrigens wenig reichlichen Verwitterungsmineralien!

12a. Auch der oft unmittelbar angrenzende Chromdiopsid dieses Vorkommens zeigt in großer Zahl prächtige Höfe, oft mit mehreren Ringen, von denen RaC′ und RaA leicht erkennbar sind. Die Tatsache, daß in manchen Fällen die Gitterstörung bis zum völligen Zerfall gehen kann, beweist, daß die Strahler sehr stark sein müssen; wahrscheinlich ist es Uranpecherz selbst. — Uwarovit und Chromdiopsid gehören also wohl zu dem Typ von Mineralien, bei denen erkennbare Hofbildung nur sehr starke Strahler erfolgt.
13. Cerit. Der Cerit von Riddarhyttan, dessen Orthit oft so enorm reich an Höfen ist, zeigt in einigermaßen seltenen Fällen ebenfalls Höfe. Im Hofbereich ist das Mineral meist zerstört und durch eine schwächer licht-, aber sehr viel höher doppelbrechende Substanz ersetzt. Die Innenscheibe kann auch so stark geschwärzt sein, daß man sie für ein Opakmineral halten könnte. Die Ceritschliffe enthalten neben Orthit oft noch Bastnäsit und Törnebohmit, in denen aber — vielleicht zufällig — keine Höfe beobachtet wurden. Die sehr hohe Lichtbrechung macht übrigens an Cerit wie an den letztgenannten die Beobachtung recht schwierig.
14. Plagioklas. K. SPANGENBERG [26] hat Höfe in Albit beschrieben. Sie sind aber etwas ganz Ungewöhnliches; in weitaus den meisten Fällen, wo etwa ein Strahlermineral gerade an der Grenze von Plagioklas und Biotit liegt, ist allein der letztere angefärbt. In anderen Fällen sind die dann oft braun gefärbten und ± unregelmäßig geformten „Höfe" nur Brauneiseninfiltrationen in den Sprengungsrissen um z. B. Orthit, was auch SHAUB hervorhebt und meinen Beobachtungen durchaus entspricht. Trotzdem ist SPANGENBERG durchaus im Recht, aber die auch von mir beobachteten Höfe in Plagioklassen werden offenbar nur durch *sehr* intensive Strahler erzeugt, die dann auch auf Hofbreite das Gitter völlig zerstören. Abb. 5 zeigt das sehr schön. Die isotropisierte „Feldspatsubstanz" ist viel weicher, zeigt keine Spaltbarkeit und Anisotropie mehr. Im Volumen scheint sie allerdings gegenüber dem ja sehr „sperrigen" Feldspatgitter etwas *geschrumpft* zu sein. Das ist ein bemerkenswerter, wenn auch nicht überraschender Gegensatz zu den meisten Isotropisierungen, wo Gitter mit dichterer Sauerstoffpackung unter Volumenzunahme zerstört werden.

## OPAKE ERZE

In Opakmineralien sind Höfe im Durchlicht natürlich nicht zu sehen und im Auflicht werden die optischen Veränderungen etwa im Reflexionspleochroismus oder Anisotropieeffekten kaum sichtbar sein. In den Kristallen mit starkem Anteil von metallischer Bindung kann es zur Bildung radioaktiver Höfe im gewöhnlichen Sinne überhaupt nicht kommen.

Wenn ich also in einem Sprengungshof um (wahrscheinlich) Zirkon in einem Arsenkies der North Deborah-Mine bei Bendigo zusätzlich bei +Nicols eine fleckenhafte Veränderung der Anisotropieeffekte feststelle, so kann das kein eigentlicher radioaktiver Hof sein, sondern nur eine Gitterstörung durch Spannungen, die noch nicht zum Bruch führten.

Ich war also sehr überrascht, als mir vor kurzem von Herrn Dr. L. J. LAWRENCE in Canberra ein Ilmenitaggregat mit Erscheinungen um Daviditkörner übersandt wurde, die Herr LAWRENCE ganz richtig beobachtet hatte, aber nicht deuten konnte. Ihm war aufgefallen, daß besagte Erscheinung keineswegs immer in den vielen von ihm untersuchten Fällen auftrat, wo Davidit in Ilmenit eingelagert war, sondern nur in der einen Probe von einem Vorkommen „Rosy Bee" zwischen Cloncurry und Mt. Isa, Qld., die einen Davidit ganz besonders hohen Urangehalts führte ($> 20\%$ gegen sonst $\sim 3\%$!). Was er bei *gekreuzten Nicols im Anschliff beobachtete, sind ganz typische radioaktive Höfe im Ilmenit,* auch hier hervorgerufen nur dann, wenn ein besonders starker Strahler vorliegt. Die Abb. 6, 9 (mit gekreuztem Nicol) und 7, 8 mit einem Nicol) zeigen die Erscheinung sehr gut, auch die letztere, wenn man bei + N festgestellt hat, wo man suchen muß. Bei der Größe und Verbreitung der Daviditkörner sind die Höfe oft unregelmäßige Säume usw. Es läßt sich aber doch wenigstens roh ihre Breite messen; sie entspricht ganz der erwarteten Reichweite für RaC′ und, wo eine Andeutung einer Unterteilung erkennbar ist, für RaA. Die Hofbildung erfaßt nur Ilmenit, *nicht* aber den in ihm massenhaft entmischten Hämatit. — Die sprengende Wirkung des Davidits auf den Ilmenit ist schwach, dagegen sehr stark auf einige silikatische Begleitmineralien[1]).

Wahrscheinlich läßt diese Verfärbbarkeit bei Ilmenit bzw. die fehlende bei Hämatit Rückabschlüsse auf den erheblich höheren Anteil von Ionenbindung bei ersterem zu.

## RADIOAKTIVE SPRENGUNGEN

Es ist eine lange gemachte Beobachtung, daß z. B. im Quarz der Pegmatite eingeschlossene Orthite von einem *eigentümlichen Strahlenkranz von Sprüngen* umgeben sind. Die Erscheinung ist aber im Schrifttum kaum diskutiert; wo sie überhaupt registriert wurde, was aus naheliegenden Gründen z. B. im edelsteinkundlichen Schrifttum geschah (Schloßmacher, Shaub) ist sie hingenommen mit der Erklärung, daß es so sein müsse, da ja die sich isotropisierenden Mineralien z. T. nicht unerheblich (Zirkon z. B. bis $> 20\%$) an Volumen zunehmen.

Zum Verständnis der hier behandelten Begriffe zunächst einige Erläuterungen:

Über den Mechanismus und Anlaß der Isotropisierung besteht ein sehr umfangreiches Schrifttum theoretischer wie experimenteller Natur. Man weiß, daß durch den Zerfall der im Gitter eingebauten aktiven Elemente das Gitter zerstört und das Mineral isotrop in allen Eigenschaften wird: Der Bruch wird glasartig muschelig, die Spaltbarkeit geht verloren; der Brechungsindex wird oft erheblich kleiner, die Doppelbrechung verschwindet, das Pulverdiagramm zeigt nur noch verwaschene Linien oder überhaupt unklare Banden wie bei Gläsern. Das Volumen wird fast allemal erheblich erhöht. Oft wird die chemische Angreifbarkeit stark vergrößert, auch z. T. Wasser adsorbiert usw. Es gibt aber Verbindungen, die trotz hoher Gehalte an Uran oder Thorium nichts oder wenig davon zeigen. Monazit z. B. ist meist trotz Gehalten von $10\%$ und mehr $ThO_2$ nicht isotropisiert, ebensowenig Xenotim; auch Uranpecherz zeigt wenigstens noch ein kristallines Pulverdiagramm. V. M. GOLDSCHMIDT gab schon vor fast 30 Jahren die Erklärung, indem er darauf hinwies, daß immer dann die Isotropisierung nicht eintritt, wenn durch einen Gitterzerfall sehr reaktionsfähige Bruchstücke entstehen würden — also U und $O_2$ oder $Ce_2O_3$ und $P_2O_5$ (bzw. Ce und $PO_4$) u. ä. —. Der Zerfall tritt zwar ein, wird aber spontan sofort wieder rückläufig und zwar meist so, daß die rückläufig entstehende Verbindung in das alte Gitter ohne Spuren zu hinterlassen sich wieder einbaut. Immerhin bleibt dann gelegentlich oder auch manchmal als Regelfall das Gitter etwas gestört, die Netzebenen „aufgerauht", so daß z. B. bei wohlkristallisiertem Uranpecherz meist keine Spaltbarkeit mehr erkennbar ist, während synthetisch hergestelltes sie sehr gut zeigt. — Die eben erwähnte Rückbildung der Gitterzerstörung ist leicht verständlich, schwerer verständlich ist aber, daß auch bei „völlig" isotropisierten Mineralien bei Erhitzung sich die Gitter spontan, oft unter ganz enormer Wärmeabgabe („pyrognomischer Effekt") wieder zurückbilden, manchmal allerdings nur bei gewissen Vorsichtsmaßregeln (so z. B. Zirkon). Auch in den isotropisierten Mineralien müssen also gewisse Gitterreste — man denkt natürlich zuerst an das Sauerstoffgerüst — erhalten geblieben sein und den Wiederaufbau ermöglicht haben. — Bei dem Wiederkristallinwerden geht die erwähnte Volumenzunahme zurück, Anisotropie und Spaltbarkeit erscheinen wieder usw.

Die Deutung also, daß der Volumeffekt bei der Isotropisierung für die Sprengungen verantwortlich zu machen sei, ist demnach sicher prinzipiell richtig. Sie enthält aber manche

---

[1]) Verfasser hat mit LAWRENCE eine kleine Mitteilung gemacht, die von der Royal Soc. of Queensland gedruckt wird, aber noch nicht erschienen ist.

Vereinfachungen und läßt wichtige, ja charakteristische Tatsachen außer acht: Die radioaktive Isotropisierung und mit ihr die Volumzunahme ist ein geologische Zeiten dauernder Vorgang, dessen Einwirkung auf die umschließenden Mineralien ebenfalls allmählich sich sich auswirken sollte. D. h. man sollte erwarten, daß das Umhüllungsmineral — oft, aber durchaus nicht immer, ist es ein solches *ohne* ausgesprochene Spaltbarkeit —, sobald die Elastizitätsgrenze überschritten wird und vereinzelte Sprünge auftreten, unter Erweiterung dieser Einzelsprünge allmählich auswiche. Auch bei Mineralien mit wenig ausgesprochenem Kohäsionsminimum, also etwa Quarz, sollte man weiter erwarten, daß dieses dem Auseinanderwandern den Weg weisen sollte, wieder bei Quarz also eine Teilung bevorzugt {1011} einträte. Erst recht erwartet man das z. B. bei Calcit, wo so z. B. Zwillingslamellen nach {0112} oder Spaltbarkeit nach {1011} möglich wären. Nichts davon ist der Fall. Die Sprengung kümmert sich oft nicht im geringsten[1]) um die Kohäsionsminima, nicht einmal um Korngrenzen, an denen bei anderer Beanspruchung ja ein Nachgeben so leicht erfolgt, sondern erfolgt offenbar ganz plötzlich, ist also eine *richtige brisante Sprengung*, kein langsames Auseinanderschieben. Auch die offenbar gleichzeitige Wirkung auf verschiedene Begleiter, auch solcher recht verschiedener Härte und Zähigkeit beweist das. Die dabei sich *plötzlich* äußernde Energie muß in einzelnen Fällen ganz enorm sein. So beobachtete der Verfasser im Iveland-distrikt in Südnorwegen Sprengungssonnen um Orthit im Quarz von sicher 1 m Durchmesser! — Bevor weitere Überlegungen angestellt werden, seien zunächst einmal hierhergehörende Beobachtungen mitgeteilt. Dabei werden Erscheinungen mikroskopischer Dimension bevorzugt, doch sei ganz nachdrücklich betont, daß zwischen denen, die sich auf wenige $\mu$ auswirken bis zu solchen von 1 m-Dimension keine prinzipiellen Unterschiede bestehen.

Den Beginn möge eine dem Schrifttum entnommene Abbildung (Abb. 10) machen. P. QUENSEL (18b) bildet hier einen von Apatit umhüllten rundlichen Zirkon ab. Man erkennt, daß der Apatit von zahlreichen vom Zirkon ausstrahlenden Sprüngen durchzogen ist. Daß an diesen Sprüngen bei Präparatherstellung leicht Ausbrüche erfolgen, ist selbstverständlich; sie können die Klarheit des Bildes stören, ja ein völliges Ausbrechen von Wirt wie Einschluß bedingen. — Der Anschliff liefert oft günstigere Bedingungen, wie Abb. 11 zeigt, wo Zirkon einen Granat sprengt oder die unten genauer behandelte Abb. 12 von Uranpecherz („Uraninit") in Orthit. Es muß aber gesagt werden, daß auch hier allemal die Präparatherstellung schwierig ist.

„Sprengbar" scheinen praktisch *alle* Mineralien zu sein, die nicht sehr ausgesprochen plastisch zäh (Bleiglanz, Metalle) oder sehr gut spaltbar sind, wie z. B. die Glimmer. Nicht feststellbar werden selbstverständlich Sprengungen sein, wo sehr leicht umkristallisierende, d. h. also heilende Mineralien vorliegen oder wo eine Metamorphose eine allgemeinere Umkristallisation bedingte. — Im allgemeinen sind Sprengungen am schönsten entwickelt natürlich dort, wo das sprengende Element völlig in einem Einzelkorn des Fremdminerals eingeschlossen ist, sonst verpufft ein Teil der Wirkung in die Korngrenzen oder gar in Hohlräume.

Beobachtet wurden Sprengungen in Quarz, Scheelit, Granat, Orthoklas, Plagioklas, Pyroxen, Arsenkies, Magnetit, Hämatit, Titanit, Apatit, Uranpecherz, Eukolit[2]). Das ist natürlich nur eine zufällige Auswahl; systematische Suche wird viele weitere finden lassen.

Das isotropisierte sprengende Mineral ist entsprechend der besonderen relativen Häufigkeit dieser Mineralien gewöhnlich Zirkon oder Orthit. In den Pegmatiten mit Samarskit, Äschynit, Euxenit, Fergusonit, Gadolinit usw., usw.[1]) können diese genau so auftreten. Bei der hier besonderen Korngröße sind die Sprengungen oft makroskopisch sehr auffallende Objekte.

---

[1]) Von sehr ausgesprochenen Schichtgittern abgesehen.

[2]) Daß Eukolit sehr schön durch Zirkon gesprengt wird, zeigt eine soeben erschienene Arbeit von H. STOBBE & E. G. MURRAY (Amer. Min. 41, 933, 1956), in der die Autorinnen ohne es allerdings zu merken, sehr gut einen derartigen Fall abbilden.

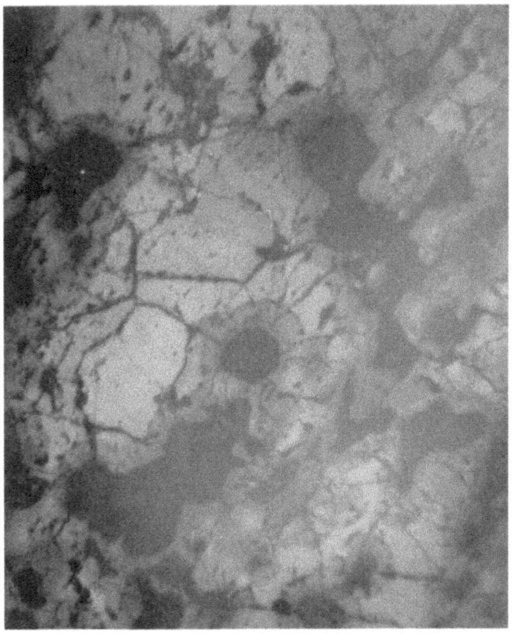

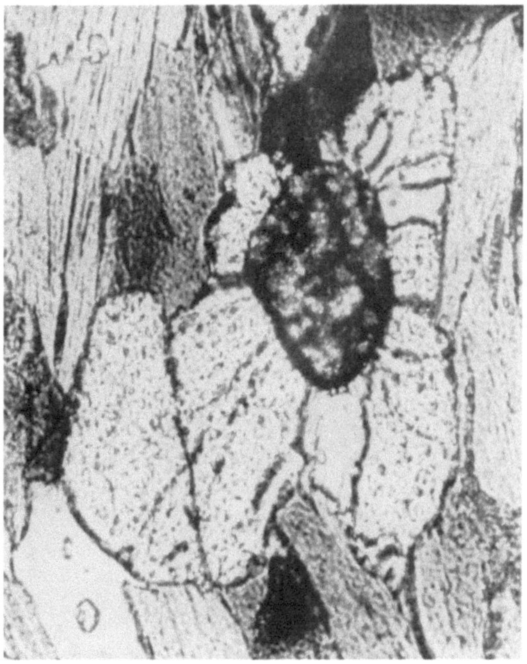

Abb. 9. 1942/8366. Objekt wie Abb. 8, aber Nicols (nicht völlig) gekreuzt. 250 x, Immersion, Auflicht
Abb. 10. *Zirkon* als Einschluß in *Apatit* sprengt diesen. (Aus P. Quensel) Durchlicht!

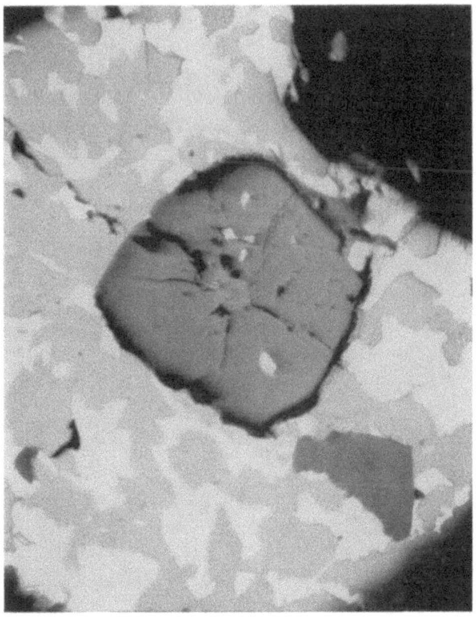

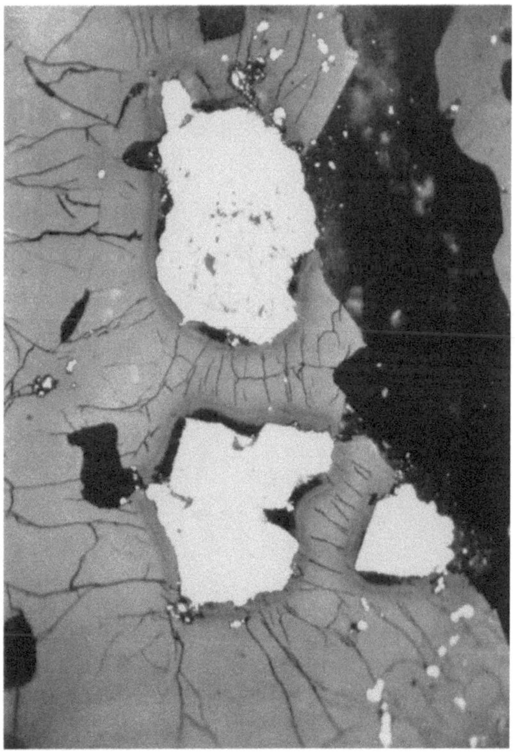

Abb. 11. 848/6318. *Granat* gesprengt um *Zirkon* (außen Sulfide). Broken Hill, New South Wales. 150 x, Auflicht

Abb. 12. Beispiel indirekter Sprengung! Uranpecherz-kristalle (weiß) haben einen schmalen Saum (Hofbreite!) von Orthit isotropisiert. Dieser Teil ist voluminöser und schwächer reflektierend geworden und sprengt den intakten Orthit. Mary-Kathleen-Mine, Queenland. 250 x, Immersion, Auflicht

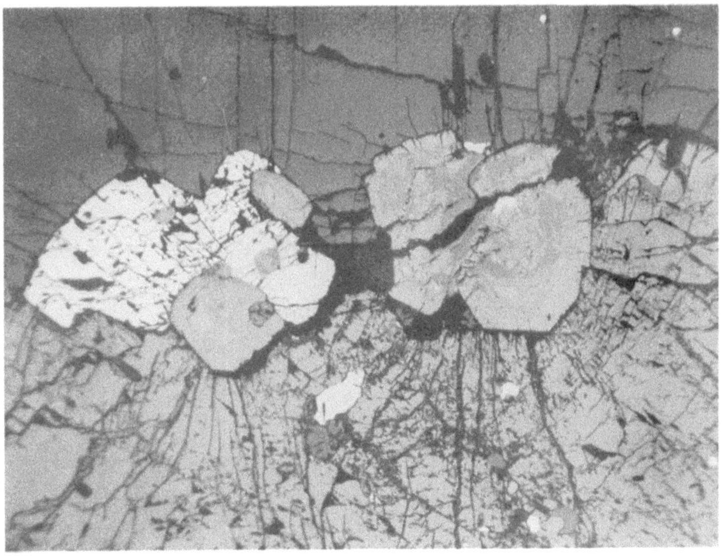

**Abb. 13. 1970/8404.** *Zirkon* („Cyrtolith") sprengt *Plagioklas* (dunkelgrau), *Pyroxen* (mittelgrau), *Uran-pecherz* (grauweiß) und *Magnetit* (weiß). **Faraday-Mine, Bancroft, Ontario. 40 x, Auflicht**

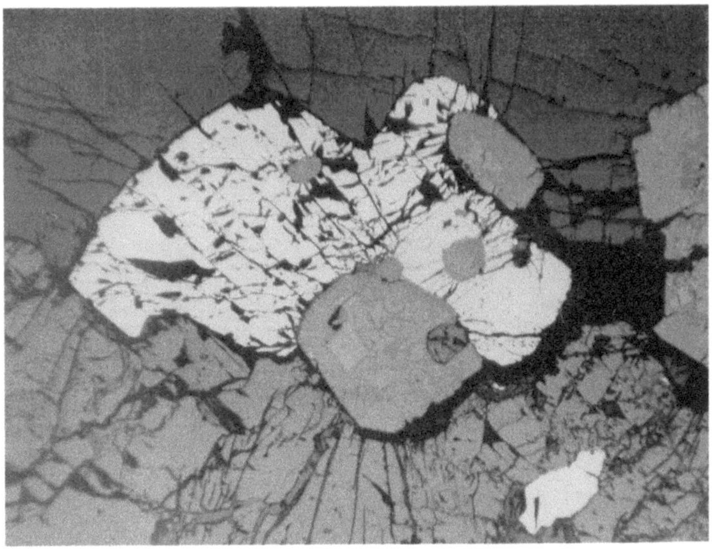

**Abb. 14. 1971/8404.** Ausschnitt aus 13. Man erkennt insbesondere die Sprengung von *Uranpecherz* durch einen vollständig eingeschlossenen Zirkon. 70 x, Auflicht

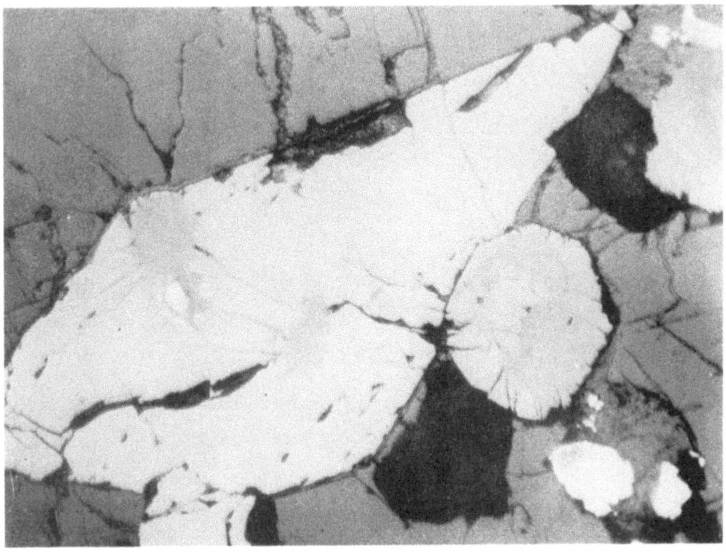

Abb. 15. 1973/8404. *Titanit* (lichtgrau) in *Pyroxen* (dunkelgrau) enthält zwei Einschlüsse von isotropisiertem *Zirkon* (Spur dunkler als Titanit) und einen von *Uranpecherz* (weiß). Die Zirkone erzeugen Sprengungen, der Uranpecherzkristall einen radioaktiven Hof (grauweiß). — Ein großer Zirkonkristall außerhalb ist teilisotropisiert. Der isotropisierte Teil sprengt die nicht isotropisierten Zonen. Faraday-Mine, Bancroft, Ont. 150 x, Auflicht

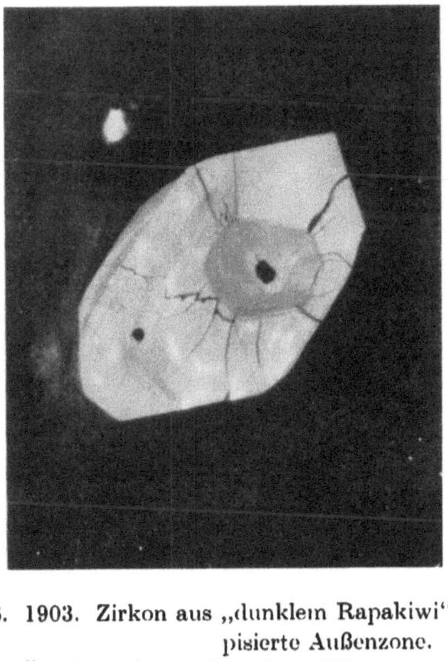

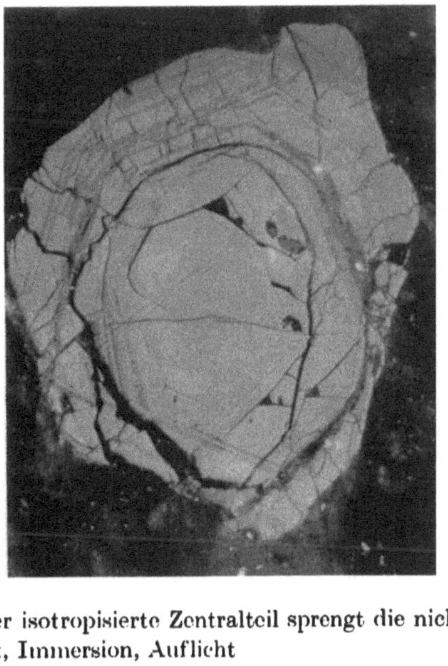

Abb. 16. 1903. Zirkon aus „dunklem Rapakiwi". Der isotropisierte Zentralteil sprengt die nichtisotropisierte Außenzone. 250 x, Immersion, Auflicht

Abb. 17. Ähnlich wie 16. Aus einem Witwatersrandkonglomerat. Die sprengenden Partien liegen zonar weiter außerhalb. 250 x, Immersion, Auflicht

Die Abb. 11—17 zeigen, sämtlich in Anschliffbildern, einige typische Beispiele. Daß gerade sie gewählt wurden, liegt an der Zufälligkeit günstiger Schnittlagen.
1. (Abb. 11) Der in einem Granatkristall fast zentral eingeschlossene Zirkon ist entsprechend dem in beiden Mineralien recht ähnlichen Brechungsindex nicht sehr leicht erkennbar, fällt aber eben durch die Sprengungswirkung recht auf. Es wäre denkbar, daß eine primäre orientierte Aufwachsung des Granats auf Zirkon der Anlaß des Zusammenvorkommens wäre. (Die Gitterkonstanten beider Mineralien sind wenigstens innerhalb der Hochtemperaturtoleranz vergleichbar!).
2. (Abb. 13) Vorkommen der Faraday-Mine: Zirkon („Cyrtolith") sitzt in Kristallen sehr wechselnder Größe recht zahlreich in Quarz, Plagioklas, Pyroxen, Titanit, Magnetit, Uranpecherz, Titanit u. a. m., besonders reichlich aber an Korngrenzen. Die sprengende Wirkung ist an allen diesen Mineralien außerordentlich stark, am auffallendsten wohl im Magnetit. Da die Zirkonkörner bis mehrere mm groß werden, sind die Sprünge schon mit freiem Auge zu sehen, ja das Gestein als Ganzes kann völlig aufgelockert erscheinen. —

Der Zirkon selbst ist äußerst kompliziert und wechselvoll isotropisiert und dazu fleckenhaft mehrphasig geworden. Einzelzonen können intakt (oder teilweise intakt) geblieben sein, besonders außen, z. T. aber auch in Flecken innen; diese Teile ihrerseits werden von den aufquellenden Partien wie die Fremdmineralien gesprengt. Der erste Blick zeigt, daß die früher vertretene Ansicht, die radioaktive Substanz in den Trägermineralien sei statistisch gleichmäßig verteilt, durchaus nicht stimmen kann. — Die Abb. 14 desselben Objekts zeigt besser die besonders starke Zertrümmerung des Magnetits und die prächtige Sprengung eines Uranpecherzkristalls durch einen völlig eingeschlossenen Zirkon.
3. (Abb. 15) vom selben Vorkommen zeigt Sprengung im Titanit ausgehend von zwei eingelagerten und einem anliegenden Zirkon, außerdem von der Hofsubstanz (verändertem Titanit) eines durch Uranpecherz verursachten Hofes (s. u.). Man beachte, daß die offenbar im Frühstadium ihrer Bildung von Titanit eingeschlossenen Zirkone völlig isotropisiert sind und sich deutlich durch geringeres Reflexionsvermögen von den intakten, aber radioaktiv gesprengten angrenzenden Zirkon unterscheiden.
4. (Abb. 16) Dieser Zirkon stellt in keiner Hinsicht etwas besonderes dar; außerordentlich viele, ich glaube die Mehrzahl aller gesteinsbildenden Zirkone zeigen ganz ähnliche Bilder (übrigens ausgezeichnet auch der von STACH als Verursacher der Höfe in Kohle abgebildete!). Die Bilder werden naturgemäß komplizierter sobald — und das ist sehr häufig — ein mehrfacher zonarer Rhythmus isotropisierter und gesunder Partien vorliegt.
5. (Abb. 17) Einen solchen Fall zeigt diese Abbildung. Naturgemäß werden die Sprungsysteme komplizierter und die jeweilige Herleitung schwieriger.

## INDIREKTE SPRENGUNG

Das Auftreten radioaktiver Höfe im *Orthit* der Mary-Kathleen-Mine ist S. 6 behandelt, wo auch nachdrücklich darauf hingewiesen wurde, daß der Orthit hier völlig intakt, stark doppelbrechend und pleochroitisch ist und keine Spur von radioaktiver Eigenzerstörung zeigt. Anders ist es aber dort, wo idiomorphe Uraninit-Kristalle oder Knäuel von solchen im Orthit einen Hof erzeugen. In diesem Hof ist Orthit völlig isotropisiert. Natürlich nimmt dabei sein Volumen zu und ebenso selbstverständlich ist, daß diese isotropisierten Partien nun ihrerseits auf die Nachbarschaft drücken und sie sprengen. Der eigentliche Verursacher, das Uranpecherz, nimmt nicht, wenigstens nicht nennenswert, an Volumen zu, kann also nur indirekt sprengen (vgl. auch Abb. 3). Der Mechanismus, zunächst überraschend, aber nach dem Gesagten

[1]) Eine Zusammenstellung solcher Mineralien bei O. MÜGGE (18a). Sie ist heute um mindestens noch einmal soviel Beispiele zu erweitern.

durchaus gefordert, ist aus Abb. 12 ausgezeichnet erkennbar. Der isotropisierte Teil des Orthits hat gegenüber dem „gesunden" sehr erheblich an Reflexionsvermögen abgenommen. Letzterer ist in ausgezeichneter Weise gesprengt.

Es gibt Fälle, wo Pyrit teilweise oder ganz die Kristalle von Uranpecherz in wechselnd dicker Schicht umhüllt. Pyrit schirmt bei einer bestimmten Dicke vollständig den Orthit gegen die Strahlung des Uranpecherzes ab. Demgemäß ist hier der Orthit intakt und die Sprengung fehlt. Sehr dünne Pyritschichten gestatten die Entwicklung eines entsprechend kleineren Hofes.

Da eine ganze Anzahl stark radioaktiver Mineralien nach ihren Bindungsverhältnissen nicht zur Isotropisierung neigt, aber sehr wohl die Nachbarschaft isotropisieren kann, sind ähnliche Verhältnisse auch anderswo zu erwarten.

Ähnlich ist es anscheinend mit dem Hof um Uranpecherz im *Titanit* der Abb. 3, 15. Auch hier scheint im Hof der Titanit isotropisiert und damit zu Sprengungen befähigt zu sein. Daß der hoferzeugende Uranpecherzkristall nicht zentral zu liegen scheint, ist nur durch die zufällige Lage der Anschliffläche bedingt. Auch hier hat der „gesunde" Titanit ganz normale Eigenschaften. Gewöhnliche Isotropisierung ist übrigens bei Titanit recht selten.

Auch Stillwellit der Mary-Kathleen-Mine wird durch Uranpecherz isotropisiert und wirkt deutlich sprengend, z. T. auf „gesunden" Stillwellit, z. T. auf begleitenden Apatit.

## AUSGESTORBENE RADIOAKTIVE REIHEN

Es seien zu dem bisher Gesagten noch einige Überlegungen mitgeteilt, die zunächst als Spekulationen erscheinen mögen, aber vielleicht doch zu Beobachtungen anregen können.

Es gibt drei klassische radioaktive Zerfallsreihen, die sämtlich zu Blei führenden des U 238, des U 235 und des Th 232. Einige Isotope aus der Reihe der Seltenen Erden sind α-Strahler; sie könnten Relikte sonst ausgestorbener Reihen sein. Da aber über diese Strahler unter den seltenen Erden noch sehr wenig bekannt ist, sollen sie hier unbehandelt bleiben, wenn auch sehr wohl ein paar davon der Anlaß für einen Teil der Höfe mit unerklärten Reichweiten sein könnten (s. u.).

Die amerikanischen Untersuchungen haben aber eine „synthetische" große Reihe gefunden, die ausgehend vom Neptunium 237 (ev. schon vom Plutonium 241) in 7 (bzw. 8) Stufen zum einzigen Isotop des Wismuts 209 führt (vgl. z. B. B. W. Ley [13]). Es ist als sicher anzunehmen, daß diese Reihe in der kosmischen Zeit der Erde gebildet wurde, und daß vielleicht ein wesentlicher Teil des Wismuts ihr entstammt. Da das langlebigste Glied Np 237 nur eine Halbwertszeit von 2250000 Jahren hat, ist sie sicher dort, wo keine neuen Elemente aufgebaut werden, längst ausgestorben, natürlich damit auch in der Erdkruste. Aber könnten wir vielleicht Spuren finden? Sicherlich *nicht*, wenn der Erkaltungs- und Erstarrungsvorgang sehr lange, vielleicht 1 Milliarde Jahre dauerte. *Vielleicht*, wenn eine große Gruppe von Astronomen mit JEFFREYS (9a) recht hätte, daß dieser Vorgang nur kurze Zeit, Jahrhunderttausende (womöglich nur Zehntausende) oder *wenige* Millionen in Anspruch genommen habe (nach 18 Millionen ist die Intensität der Np-Strahlung auf $^1/_{256}$ abgeklungen). Dann könnte man nämlich in den alleraltesten Gesteinen hoffen, noch radioaktive Höfe zu finden, die dieser Reihe entsprechen. Es gehörte natürlich ein besonderes Glück dazu, denn die alleraltesten Gesteine hatten natürlich die größte Chance, irgendwann metamorphosiert oder wiederaufgeschmolzen oder auch durch sehr mächtige Pakete von jüngeren Gesteinen begraben zu werden — alles würde die Höfe durch Erhitzung zerstört haben. Aber nehmen wir an, wir hätten dieses Glück: Wäre dann die Möglichkeit, diese Höfe an charakteristischen Merkmalen gut zu erkennen? Ja, sehr wohl! Wir wollen dabei nicht an die sicher immer sehr seltenen Fälle denken, wo, wie im Fluorit von Wölsendorf für praktisch jedes Element der

Uran-238-Zerfallsreihe die Reichweite abgegriffen und nachkontrolliert werden kann, sondern nur an die beiden äußersten Ringe denken. Hier wäre der äußerste Ring (Po 213) praktisch gleichweit vom Strahler entfernt wie bei der Thoriumreihe, der zweite aber würde erst recht viel weiter innen folgen, viel weiter als bei der Thoriumreihe, aber sogar noch weiter innen

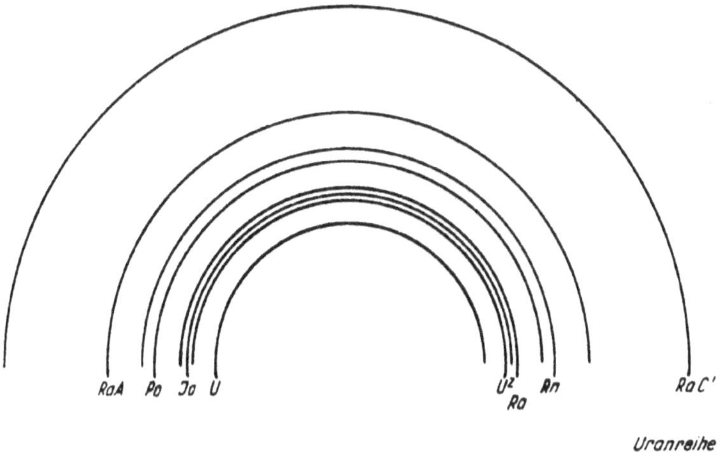


Abbildung 18

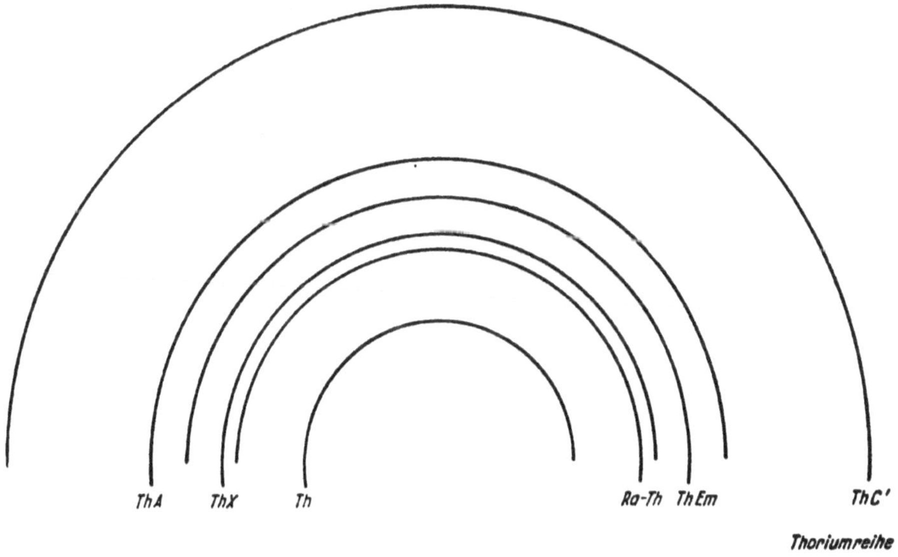


Abbildung 19

als bei RaA (Po 218). Dazu müßte dieser Ring, da er den Reichweiten von gleich drei Gliedern (Pb 213, Po 217, Rn 221) entspräche, besonders intensiv ausfallen. Am besten sei für alle 4 Reihen das (roh) einmal für Hofgrößen in Flußspat berechnet (was mit kleinen Korrekturen für die gewöhnlichen gesteinsbildenden Mineralien Gültigkeit hätte). Die bei Hofgrößenuntersuchungen meist vernachlässigte Reihe U 235—Pb 207, vernachlässigt, weil sie jetzt ja mengenmäßig der mit ihr geochemisch stets gekoppelten U 238-Reihe weit unterlegen ist, ist mit angeführt, da in den allerältesten Gesteinen mit einem viel größeren Anteil U 235 zu rechnen ist (Abb. 18—21; alle Abb. sind etwa 1435mal vergrößert).

Wenn wir die Form eines solchen Np-Hofes ansehen, so müßte der große Radius des äußersten Ringes im Gegensatz zu dem auffallend kleineren des nächsten einem sorgfältigen Beobachter entschieden auffallen.

Die Erkennung solcher Höfe, so unwahrscheinlich sie vielleicht auch ist, würde astronomisch wie geologisch von allergrößtem Interesse sein: Astronomisch würde sie die oben erwähnte Ansicht von JEFFREYS (9a) gut bestätigen und gegebenenfalls zu weiteren Schlüssen anregen können, geologisch aber könnte sie über den Vorgang und eventuell Ort der ersten Gesteinserstarrung Aufschlüsse liefern.

## HÖFE MIT UNGEWÖHNLICHEN REICHWEITEN

Schon in der Einleitung ist auf die zahlreichen Angaben hingewiesen, wo Höfe mit Reichweiten beschrieben werden, die zu keiner bekannten Zerfallsreihe passen. Leider sind die Angaben öfters nicht nur als Feststellungen gemacht, sondern auch „erklärt" und zwar so verkehrt, daß nur Verwirrung entstehen kann[1]).

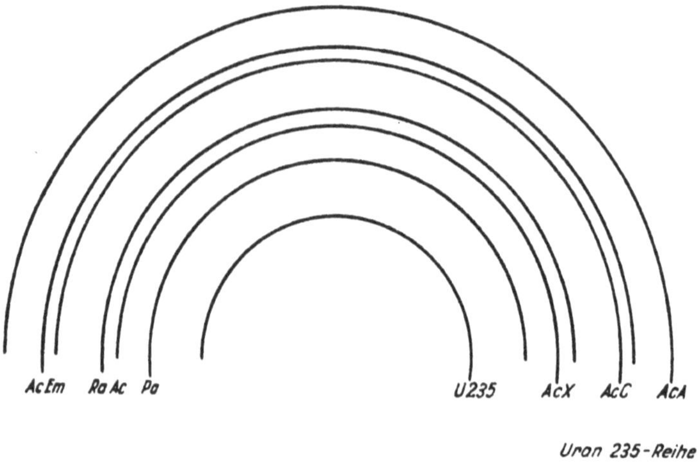


Abbildung 20

Verfasser hat nur gelegentlich das hierher gehörende Schrifttum registriert, das ja ganz zerstreut und teilweise sehr schwer zugänglich ist und schließlich auch in Zeitschriften steckt, in denen der Mineraloge normalerweise nicht sucht. Es scheint auch in den Referatenorganen aller Länder das Stichwort „Radioaktive Höfe" recht stiefmütterlich behandelt zu werden.

Manche richtige Beobachtung ist durch unsachgemäße Darstellung oder Referat als „ungewöhnlich" bezeichnet, ohne es zu sein. So erstaunen zwar die von HENDERSON [5] behandelten Höfe in Biotit (dort A—D bezeichnet), sind aber bei der von ihm vorgeschlagenen Deutung hydrothermaler Umlagerung kurzlebiger Glieder der Uranreihe durchaus verständlich (übrigens cet. par. im Fluorit von Wölsendorf gemein).

Hier seien nur zwei eigentümliche Hofgrößen aus dem so genau untersuchten Flußspat von Wölsendorf kurz behandelt.

---

[1]) So wird beispielsweise von Höfen in einem Klinochlor um Zirkon behauptet, daß ein Hof mit Radius 16—20 $\mu$ für RaC′ und ein Ring bei 34,4 für Ra und $U^{II}$ vorläge. Nach dem Zusammenhang kann es sich kaum um eine reine Verwechslung handeln. Gerade hier ist der Unsinn wenigstens sofort erkennbar.

In Abb. 22 ist ein normaler Hof der Uran-238-Reihe abgebildet, keineswegs ein besonders günstiges, aber ein typisches Beispiel nicht übermäßig starker — das würde zu einer gleichmäßigen Durchfärbung bis RaA führen — noch schwacher Einwirkung, was den Hof RaC′ und vielleicht RaA noch nicht entwickeln könnte (Abb. 23), aber manchmal prächtig 4—5 Innenringe erkennen läßt. Nur selten gibt es Abweichungen. So ist gelegentlich nahe dem Außenring ein nur wenig mehr innen liegender von großer Intensität erkennbar (Abb. 24). Der naheliegende Einwand, daß dieser Hof auf ein schräg einstechendes nadelförmiges

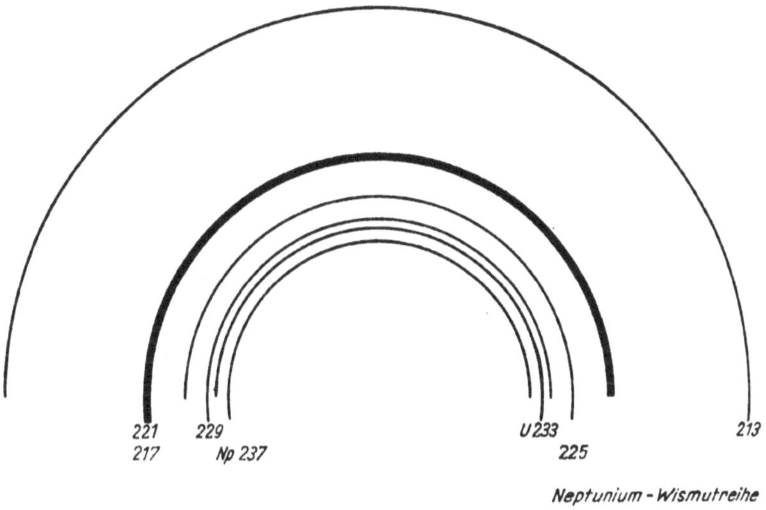


Abbildung 21

Strahlermineral zurückgehen könne, wird gegenstandslos, da das auch eine Verdoppelung des gerade hier ja besonders deutlichen RaA-Ringes bedeuten müßte, was offensichtlich *nicht* zutrifft.

Einen Hof extrem kleiner Reichweite gibt Abb. 23. Er könnte vielleicht verglichen werden mit den von Jimori & Yoshimura beschriebenen Höfen in Biotit mit „Luftwerten" von 1,2 und 2,1 cm. Er paßt zu keiner bekannten Zerfallsreihe und ist auch als Produkt der Strahlung eines äußerst langsam zerfallenden Elements unmöglich, da bei dem niedrigen geologischen Alter der Lagerstätte die Verfärbung zu auffallend ist. — Bemerkenswert ist übrigens seine 6zählige Symmetrie, die im Gegensatz zu den von Steinmetz & Brühl [28] von derselben Lagerstätte beschriebenen *nicht* von der Form des Strahlers abhängt, sondern von der Symmetrie des Wirtes (Schnitt nahe (111)). Die Kanten des Sechsecks erscheinen dabei um 30° gegen die Spur der Spaltbarkeit versetzt.

## ZUSAMMENFASSUNG

Verfasser teilt als Materialsammlung zunächst eine große Anzahl von Beobachtungen über Vorkommen von radioaktiven Höfen in verschiedenen Mineralien mit. Erstmalig wurden so Höfe beschrieben in Triplit, Triphylin, Astrophyllit (und Lamprophyllit), Hedenbergit, Helvin Titanit, Chloritoid, Orthit, Stillwellit, Apatit, Calcit, Cerit, Uwarovit, Chromdiopsid, Ilmenit. In einigen weiteren Fällen konnten angezweifelte oder noch wenig präzise Angaben aus dem Schrifttum durch neue Beobachtungen bestätigt werden, so im Fall des Plagioklas und Spinell. — Es heben sich zwei Gruppen von Wirtmineralien heraus, natürlich ohne scharfe

Grenze, solche, die wie Chlorit, Biotit, Hornblende, Fluorit schon durch recht schwache Strahler (Zirkon, Monazit, Orthit) angefärbt werden können, während andere sehr viel stärkere Strahlung benötigen, um gute Höfe zu bekommen (Triphylin, Hedenbergit, Plagioklas, Granat, Orthit, Titanit, Ilmenit). Die Strahler sind dann z. B. Uranpecherz, Thorianit, Davidit, Brannerit.

„*Radioaktive Sprengungen*" werden die Sprungsonnen in verschiedensten Mineralien genannt, die auf das durch radioaktive Gitterzerstörung bedingte Quellen der sogenannten „metamikten", besser „isotropisierten" Mineralien zurückgehen. Diese Sprengungen müssen oft mit großer „Brisanz" erfolgen. Die Erscheinungen wurden oft übersehen, obwohl sie sehr auffallend sind und im Schrifttum sogar mehrfach — ohne daß ihre Eigenart erkannt wurde! gut abgebildet sind. Gesprengt können praktisch alle Mineralien werden, soweit sie nicht zu leicht plastisch deformierbar sind. Die sprengenden Einschlusse sind meist (entsprechend ihrer Häufigkeit) Zirkon und Orthit, doch kommen fast alle isotropisierten Mineralien in Frage (ausgenommen nur einige wenige, deren Volum bei Isotropisierung abnimmt). — Eine Anzahl recht typischer Abbildungen wird vorgelegt. — Einen eigentümlichen Sonderfall stellt die „indirekte Sprengung" dar, wo ein an sich *nicht* isotropisierter Strahler die Umgebung isotropisiert und diese als solche die Sprengung veranlaßt.

Es wird die Möglichkeit diskutiert, von der „ausgestorbenen" Reihe Np 237—Bi 209 in Form charakteristischer Höfe in alten Gesteinen noch Anzeichen zu finden. Sie besteht eindeutig, falls Gesteine sehr bald (d. h. in den ersten 20 Millionen Jahren) nach der „Kosmogenie" des Sonnensystems entstanden sind. Sie würden sehr charakteristische Formen haben.

Schließlich werden beiläufig einige Angaben über das Vorkommen von Höfen mit unerklärbaren Reichweiten gemacht.

## LITERATUR


[1] CORIN, F., Observations nouvelles sur les inclusions à halos pléochroiques. Bull. Soc. Belge Géol. Bruxelles **50**, 48—61, 1942.

[2] GUDDEN, B., Pleochroitische Höfe . . . . Diss. Göttingen 1—41, 1919.

[3] GÜBELIN, E., Die diagnostische Bedeutung der Einschlüsse in Edelsteinen. Schweiz. Mineralog. Petr. Mitt. **28**, 146—156, 1948.

[4] HENDERSON, G. H., A quantitative study of pleochroic haloes. V. Genesis of haloes. Proc. Roy. Soc. London A **145**, 591, 1943.

[5] ders., Some new types of pleochroic haloes. Nature **140**, 191, 1937.

[6] v. HEVESY, G., Range of radiation from Samarium. Nature **131**, S. 434, 1933.

[7] HÖVERMANN, G., Über pleochroitische Höfe in Biotit, Hornblende und Cordierit ect. N. Jb. Min. Beil. Bd. **34**, 321—400, 1912.

[8] HUTTON, C. O., The nuclei of pleochroic haloes. Amer. Journ. Sci. **245**, 154—157, 1947.

[9] JIMORI, S. & T. YOSHIMURA, Sonderdruck aus unbekannter Quelle.

[9a] JEFFREYS, H., The Earth. Cambridge 1929.

[10] JOLY, J., On pleochroic haloes. Phil. Mag. [6] **13**, 381, 1907.

[11a] ders., The radioactivity of the rocks. Journ. Chem. Soc. **125**$^{I}$, 897—907, 1924.

[11b] ders., Pleochroic haloes of various geological ages. Proc. Roy. Soc. London A **102**, 682—705, 1923.

[12] LAEMMLEIN, G., Nature **155**, 724/25, 1945.

[13] LEY, W., Der Zerfall der Trans-Urane. Sonderdruck mir unbek. Herkunft.

[14] MENDES, Fr., Contribuiçaño paro o estudo des halos pleocróicos observados em rochas portuguesas. Bol. Mus. Lab. Min. Geol. Univ. Lisboa **4**, 3—54, 1943/44.

[15] MEIXNER, H. (in CLAR u. MEIXNER), Die Eisenspatlagerstätte von Hüttenberg in Kärnten. Carinthia II. **143**, 67—92, 1953.

[16] MERLIN, O. H., PICCIOTTO, E. & WILGAIN, S., Studio sulla distribuzione della radioattivite nella granodiorite dell'Adamello. Mem. Instit. Geol. Mineral. Univers. Padova V. XIX 1—24, 1955.

[17] MÜGGE, O., Radioaktivität als Ursache der pleochroitischen Höfe des Cordierits. Centralbl. Min. **1907**, 397.

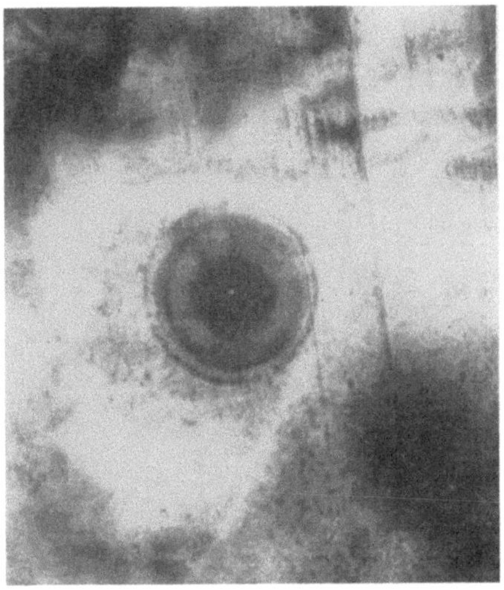

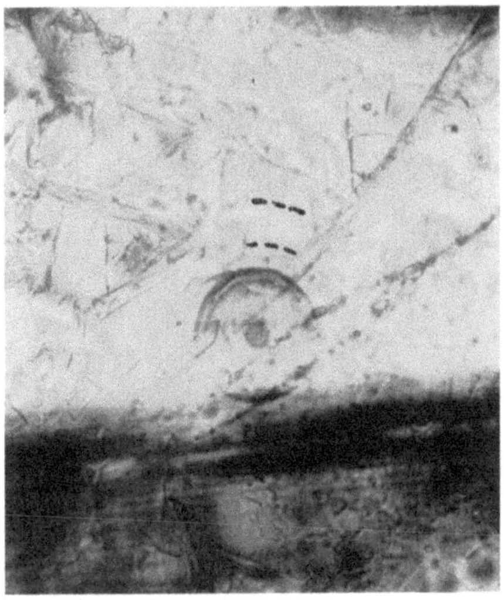

Abb. 22. Normaler radioaktiver Hof der Uranzerfallsreihe mit vielen Ringen im Fluorit. Außenring (Ra C′) nur angedeutet. Wölsendorf, Bayern. 150 x, Durchlicht

Abb. 23. 1597. Kleiner Innenhof unbekannter Deutung mit etwa $^1/_7$ der Reichweite von RaC′. Reichweiten RaC′ und RaA durch: angedeutet. Wölsendorf, Bayern. 150 x, Durchlicht

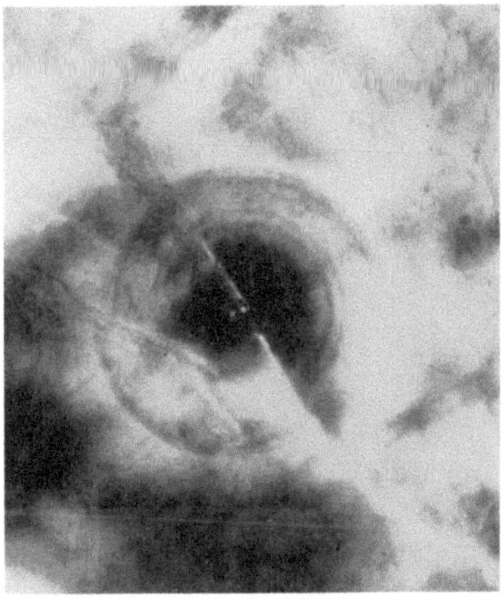

Abb. 24. 1598. Eigentümlicher Doppelhof für bzw. neben RaC′. Wölsendorf, Bayern. 150 x, Durchlicht

[17a] ders., Radioaktivität und pleochroitische Höfe. Centralbl. Min. 65, 113, 142, 1909.
[18] ders., Über radioaktive Höfe im Flußspat, Spinell, Granat und Ainigmatit. Göttinger Nachrichten **1**, 1923.
[18a] ders. Über isotrop gewordene Kristalle. N. Jb. Min. Centralbl. 1922, 721—739, 753—765.
[18b] QUENSEL, P., The charnockite series of the Varberg district on the southerestern coast of Sweden. Ark. Mineral. Geol. **1**, 10. 1951, 264.
[19] RAMDOHR, P., Radioaktive Höfe in Quarz, Yttrofluorit und Zinnstein. N. Jb. Min. Beil. Bd. **67** A 53.
[20] ders., in Klockmann-Ramdohr, Lehrbuch der Mineralogie. XIV. Auflage 1954, S. 224.
[21] ders. mit RAMDOHR, H., Helvin („Danalith") von Yxsjöberg in Västmanland, Schweden. Geol. Fören. Förh. Stockholm **76**, 381—390, 1954.
[22] ROSENBUSCH, H., Die Steiger Schiefer. Straßburg 1877.
[23] SCHLOSSMACHER, K., Z. D. Ges. f. Edelsteinkunde **11**, 20—21, 1955.
[24] SCHÜLLER, A., Mündliche Mitteilungen etwa 1951.
[25] SHAUB, B., Notes on the fracturing around zirkon and other gemstone inclusions.
[26] SPANGENBERG, K., Ein Ganggefolge mit Natronvormacht . . . . Tampadel am Zobten. N. Jb. Mineral. Abhandl. **82**, 280, 1951.
[27] STACH, E., Die Petrographie der Kohle als Hilfsmittel bei der Flözparallelisierung. Z. D. Geol. Ges. **107**, 104, 1955.
[28] STEINMETZ, H. & BRÜLL, E., Radioaktive Höfe mit vierzähliger Symmetrie im Flußspat von Wölsendorf. Heidelberger Beiträge Min. **4**, 325—332, 1954.
[29] SMYTH, H. D., Atomic Energy. Govt. Print. Off. Washington 1945.